电网企业
一线员工 作业一本通

继电保护整定计算

国网浙江省电力公司　组编

中国电力出版社
CHINA ELECTRIC POWER PRESS

内 容 提 要

本书是《电网企业一线员工作业一本通》丛书之《继电保护整定计算》分册。本书以指导整定人员日常工作为目的，防止人员责任事故和继电保护不正确动作为主线，针对继电保护整定计算和检修运行工作流程中各节点的人员工作行为，分析可能存在的危险因素，提出相应的控制措施，预防事故发生，保障继电保护安全运行。根据工作内容分为基础知识、工程收资、电网运行、流程管理、整定计算、检修计划及新设备启动七篇内容。

本书可供从事继电保护整定计算、检修计划管理、运行管理的一线员工培训和自学使用。

图书在版编目（CIP）数据

继电保护整定计算 / 国网浙江省电力公司组编. —北京：中国电力出版社，2016.12（2023.10 重印）
（电网企业一线员工作业一本通）
ISBN 978-7-5123-9708-8

Ⅰ.①继… Ⅱ.①国… Ⅲ.①电力系统—继电保护—电力系统计算 Ⅳ.①TM77

中国版本图书馆CIP数据核字（2016）第205231号

中国电力出版社出版、发行
（北京市东城区北京站西街19号 100005 http://www.cepp.sgcc.com.cn）
北京九天鸿程印刷有限责任公司
各地新华书店经售

*

2016年12月第一版　　2023年10月北京第四次印刷
787毫米×1092毫米　　32开本　　2.75印张　　63千字
定价15.00元

版 权 专 有　侵 权 必 究

本书如有印装质量问题，我社营销中心负责退换

编 委 会

主　编　肖世杰　陈安伟

副主编　赵元杰　孔繁钢　杨　勇　吴国诚　商全鸿　阙　波　王　炜

委　员　徐嘉龙　张　燕　周　华　董兴奎　张　劲　乐全明　邵学俭　应　鸿

　　　　　裘华东　郑　斌　樊　勇　朱炳铨　郭　锋　徐　林　赵春源

编 写 组

组　长　裘愉涛

副组长　方愉冬　王磊明

成　员　金山红　朱　伟　仇群辉　戴元安　朱　群　郭　磊

　　　　　方天宇　张志峥　林　琳

丛书序

国网浙江省电力公司正在国家电网公司领导下，以"两个率先"的精神全面建设"一强三优"现代公司。建设一支技术技能精湛、操作标准规范、服务理念先进的一线技能人员队伍是实现"两个一流"的必然要求和有力支撑。

2013年，国网浙江省电力公司组织编写了"电力营销一线员工作业一本通"丛书，受到了公司系统营销岗位员工的一致好评，并形成了一定的品牌效应。2016年，国网浙江省电力公司将"一本通"拓展到电网运检、调控业务，形成了"电网企业一线员工作业一本通"丛书。

"电网企业一线员工作业一本通"丛书的编写，是为了将管理制度与技术规范落地，把标准规范整合、翻译成一线员工看得懂、记得住、可执行的操作手册，以不断提高员工操作技能和供电服务水平。丛书主要体现了以下特点：

一是内容涵盖全，业务流程清晰。其内容涵盖了营销稽查、变电站智能巡检机器人现场运维、特高压直流保护与控制运维等近30项生产一线主要专项业务或操作，对作业准备、现场作业、应急处理等事项进行了翔实描述，工作要点明确、步骤清晰、流程规范。

二是标准规范，注重实效。书中内容均符合国家、行业或国家电网公司颁布的标准规范，结合生产实际，体现最新操作要求、操作规范和操作工艺。一线员工均可以从中获得启发，举一反三，不断提升操作规范性和安全性。

三是图文并茂，生动易学。丛书内容全部通过现场操作实景照片、简明漫画、操作流程图及简要文字说明等一线员工喜闻乐见的方式展现，使"一本通"真正成为大家的口袋书、工具书。

最后，向"电网企业一线员工作业一本通"丛书的出版表示诚挚的祝贺，向付出辛勤劳动的编写人员表示衷心的感谢！

国网浙江省电力公司总经理　肖世杰

前　言

为全面践行国家电网公司"四个服务"的企业宗旨，进一步强化电力调度控制基层班组的基础管理，提高电力调度控制基层员工的基本功，提升电网服务水平，国网浙江省电力公司组织来自电力调度控制各岗位的基层管理者和业务技术能手，本着"规范、统一、实效"的原则，编写了"电网企业一线员工作业一本通"丛书中的调度控制专业系列分册，包括《继电保护整定计算》《电网典型故障诊断与处理》《智能变电站继电保护现场调试》《智能变电站继电保护现场验收》《变电站监控信息现场验收》《智能变电站监控系统检修》《智能变电站监控系统现场验收》《配网抢修指挥》《特高压直流保护与控制系统运维》。

调度控制专业系列分册的编写遵循有关法律、法规、规章、制度、标准、规程等的要求，紧扣调度控制实际工作，全面体现电力调度控制各岗位的工作特点，充分体现图文并茂、通俗易懂、方便自学的编写原则，易于现场人员掌握。

本书为《继电保护整定计算》分册，从实际整定工作应用出发，以工作流程为编写顺序，包括基础知识、工程资料、电网方式、整定计算、流程管理、检修计划和新设备启动七部分内容。本书成文于2011年6月，历经5年的实际工作检验，是一本能够指导整定计算实际工作的实用手册。

　　本书的编写得到了国网浙江电力调度控制中心多位专家的大力支持，在此谨向参与本书编写、研讨、审稿、业务指导的各位领导、专家和有关单位致以诚挚的感谢！

　　由于编者水平有限，疏漏之处在所难免，敬请读者提出宝贵意见。

本书编写组

2016年7月

目　录

Part 1

　　进行继电保护整定计算工作需要一定的知识基础，包括相关理论和现场工作经验。理论方面主要侧重于电力系统故障分析。现场工作经验方面主要分两部分内容，一是继电保护二次回路知识，二是着眼于电网的保护的使用方式。本篇主要说明理论基础和二次回路部分。

基础知识篇

一　电网接线

电网主接线方式大致可分为有备用和无备用两大类。

（1）无备用接线方式：单回的放射式、干线式、链式网络。

（2）有备用接线方式：双回路的放射式、干线式、链式以及环式和两端供电网络。

（3）整定计算需要根据网架综合情况考虑或协商设备的检修方式或 $N-1$ 方式下的供电方式安排。

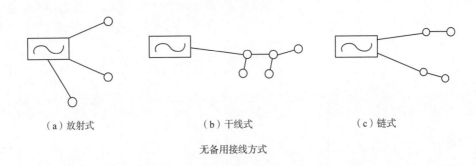

（a）放射式　　　　　（b）干线式　　　　　（c）链式

无备用接线方式

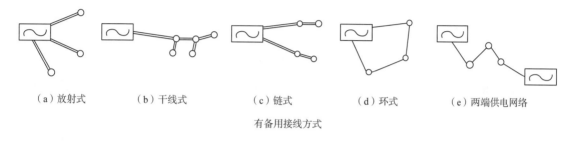

（a）放射式　　　（b）干线式　　　（c）链式　　　（d）环式　　　（e）两端供电网络

有备用接线方式

二　变电站接线

（1）常用变电站接线方式可分为单母线接线、双母线接线、单双母线分段或双母线加旁路接线、3/2接线、线变组接线、桥形接线等。

（2）整定计算需要根据接线方式确定各级本保护的覆盖范围，确定上下级保护的衔接配合方案。

三 故障分析

电力系统故障分析是整定计算的基础。运用标幺制、坐标变换 dq0 系统、对称分量法、各序参数、等值电路、横向不对称故障分析、纵向不对称故障分析等是整定计算需要具备的基础知识。

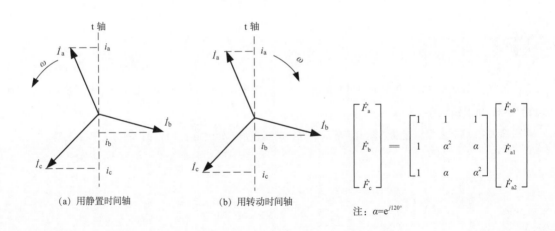

(a) 用静置时间轴　　　(b) 用转动时间轴

注：$\alpha = e^{j120°}$

四 二次回路

（1）二次设备之间相互连接的回路统称为二次回路。

（2）按图纸的作用，二次回路的图纸可分为原理图和安装图。其中原理图按其表现形式可分为归总式原理图及展开式原理图。

（3）电流电压回路和保护出口回路是与整定计算关系最为密切的两种回路。

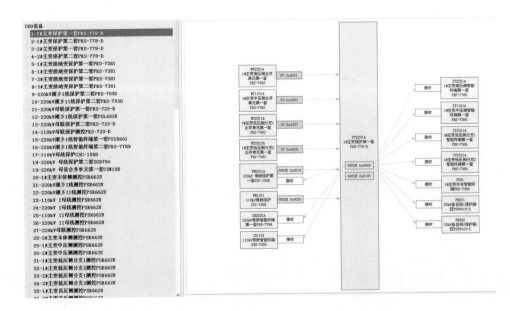

Part 2

进行继电保护整定计算工作需要完整的参数资料，包括电气主设备，输电线路，一、二次图纸，说明书，保护装置等。不同设备需要的参数不同。本篇主要说明参数资料收集的侧重点，以便整定计算工作的下一步顺利开展。

工程收资篇

一　线路设计参数管理

上报的线路设计参数必须与现场实际一致，否则可能会导致继电保护误动或拒动。

（1）整定计算用线路设计参数应以正式联系单或设计图纸形式上报，并加盖填报单位公章。

（2）线路设计有变更应及时通知继电保护整定专职。

（3）线路设计参数必须与实测参数比对，并核算保护定值，确保保护能正确动作。

二　线路实测参数管理

1.　线路参数未能实测

（1）110kV 及以上线路参数必须实测，对特殊情况无法实测的线路，应与现场确认设计参数，建立档案，择机实测。

（2）不能实测的电缆线路设计参数应由厂家提供，参数计算条件应与电缆敷设方式一致。

导线型号	电阻	几何均距（m）														
		1.0	1.5	2.0	2.5	3.0	3.5	4.0	4.5	5.0	5.5	6	6.5	7.0	7.5	8.0
LGJ-35	0.85	0.366	0.385	0.403	0.417	0.429	0.438	0.446								
LGJ-50	0.65	0.353	0.374	0.391	0.406	0.418	0.427	0.435								
LGJ-70	0.45	0.343	0.364	0.382	0.396	0.408	0.417	0.425	0.433	0.440	0.446					
LGJ-95	0.33	0.334	0.353	0.371	0.385	0.397	0.406	0.414	0.422	0.429	0.435	0.44	0.445			
LGJ-120	0.27	0.326	0.347	0.365	0.379	0.391	0.4	0.408	0.416	0.423	0.429	0.433	0.438			
LGJ-150	0.21	0.319	0.34	0.358	0.372	0.384	0.398	0.401	0.409	0.416	0.422	0.426	0.432			
LGJ-185	0.17				0.365	0.377	0.386	0.394	0.402	0.409	0.415	0.419	0.425			
LGJ-240	0.132				0.357	0.369	0.378	0.386	0.394	0.401	0.407	0.412	0.416	0.421	0.425	0.429
LGJ-300	0.107								0.387	0.393	0.399	0.405	0.41	0.414	0.418	0.422
LGJ-400	0.08										0.391	0.397	0.402	0.406	0.41	0.414

表标题：LGJ型架空线路导线的电阻及正序电抗（Ω/km）

2. 实测参数与设计参数存在差异

实测参数与设计参数差异较大（大于20%）时，保护定值可能不满足灵敏性或选择性的要求。

（1）参数比对差异较大，应由填报部门核实数据，必要时重新测试。

（2）混合线路参数应全线测试。

（3）若差异经核查确实较大，保护计算应采用实测参数进行计算。

线 路 参 数 测 试 报 告

试验性质　投产试验

报告编号　XLCS-2015-077

一、线路名称

线路名称		试验日期	天气	温度	湿度
220kV 嘉兴 2432 线		2014.05.04	多云	21℃	55%

二、线路测试状态

线路长度(km)	导线型号	线路测试状态及测试地点
7.290	见线路概况	220kV 瓦山变测试，嘉兴电厂 220kV 升压站配合

三、线路定相及绝缘电阻测试

	A		B		C
相位	绝缘电阻 (MΩ)	相位	绝缘电阻 (MΩ)	相位	绝缘电阻 (MΩ)
正确	≥1000	正确	≥1000	正确	≥1000

四、正序阻抗测试

正序阻抗 Z₁ (Ω)	正序电抗 X₁ (Ω)	正序电阻 R₁ (Ω)	正序电感 L₁ (mH)	角度 (°)
2.90515	2.92798	0.40999	9.35093	82.0549

五、零序阻抗测试

零序阻抗 Z₀ (Ω)	零序电抗 X₀ (Ω)	零序电阻 R₀ (Ω)	零序电感 L₀ (mH)	角度 (°)
6.70430	6.47413	1.88979	20.6078	73.7276

六、正序电容测试

正序电容 C₁ (μF)	正序电纳 b₁ (μS)
0.07222	22.6896

七、零序电容测试

零序电容 C₀ (μF)	零序电纳 b₀ (μS)
0.04650	14.6105

八、零序互感测试

线路 1 名称	线路 2 名称	同杆架设长度 (km)
220kV 嘉兴 2432 线	220kV 嘉兴 2431 线	7.290
(220kV 瓦山变—嘉兴电厂 220kV 升压站)	(220kV 瓦山变—嘉兴电厂 220kV 升压站)	

互感阻抗 Z₀ (Ω)	互感电阻 R₀ (Ω)	互感电抗 X₀ (Ω)	互感 M (mH)	角度 (°)
1.2489	0.5904	1.1161	3.5526	63.337

测试仪器：DC-208 线路参数测试仪

备注：

试验负责人		试验员	

线 路 参 数 测 试 报 告

试验性质　投产试验

报告编号　XLCS-2015-077

一、线路名称

线路名称		试验日期	天气	温度	湿度
220kV 嘉兴 2431 线		2014.05.04	多云	21℃	55%

二、线路测试状态

线路长度(km)	导线型号	线路测试状态及测试地点
7.290	见线路概况	220kV 瓦山变测试，嘉兴电厂 220kV 升压站配合

三、线路定相及绝缘电阻测试

	A		B		C
相位	绝缘电阻 (MΩ)	相位	绝缘电阻 (MΩ)	相位	绝缘电阻 (MΩ)
正确	≥1000	正确	≥1000	正确	≥1000

四、正序阻抗测试

正序阻抗 Z₁ (Ω)	正序电抗 X₁ (Ω)	正序电阻 R₁ (Ω)	正序电感 L₁ (mH)	角度 (°)
2.9488X	2.91414	0.48110	9.27801	81.2006

五、零序阻抗测试

零序阻抗 Z₀ (Ω)	零序电抗 X₀ (Ω)	零序电阻 R₀ (Ω)	零序电感 L₀ (mH)	角度 (°)
6.77589	6.47623	1.99162	20.6145	72.9078

六、正序电容测试

正序电容 C₁ (μF)	正序电纳 b₁ (μS)
	23.3678

七、零序电容测试

零序电容 C₀ (μF)	零序电纳 b₀ (μS)
0.03040	15.8540

八、零序互感测试

线路 1 名称	线路 2 名称	同杆架设长度 (km)
220kV 嘉兴 2432 线	220kV 嘉兴 2431 线	7.290
(220kV 瓦山变—嘉兴电厂 220kV 升压站)	(220kV 瓦山变—嘉兴电厂 220kV 升压站)	

互感阻抗 Z₀ (Ω)	互感电阻 R₀ (Ω)	互感电抗 X₀ (Ω)	互感 M (mH)	角度 (°)
1.2489	0.5904	1.1161	3.5526	63.337

测试仪器：DC-208 线路参数测试仪

备注：

试验负责人		试验员	

三 主变压器参数管理

　　主变压器（简称主变）短路阻抗或零序阻抗测试数据有误，可能会影响电流型保护动作正确性。

（1）保护计算建模时应与同类型变压器参数比对。

（2）比对差异较大时要求厂家重新测试，并说明原由。

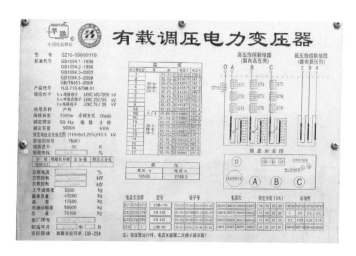

四 工程图纸管理

1. TA变比管理

图纸 TA 变比与现场实际不符，会导致整定计算结果不正确，造成保护误动或拒动。调试单位应上报现场 TA 清单。若核对图实不符，设计单位应出具变更联系单。

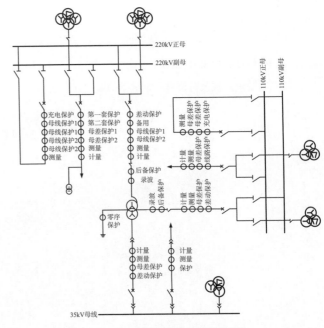

220kV变电站电流、电压互感器典型配置图

2. 新入网保护说明书管理

新入网保护技术说明书与现场实际装置不一致，可能会造成保护整定单现场无法执行或保护定值整定错误导致保护不准确动作。

厂家应提供与现场装置相符的保护说明书。新入网保护，调试单位应现场打印定值清单（包括控制字）提供给整定专职，调试单位调试结束后应书面反馈执行情况。

五 系统阻抗调整管理

电网接线改变后，若不复核、修改系统阻抗，可能会导致定值失配或越限。

（1）线路改接、变压器更换等工程应复核、修改系统阻抗，并及时调整保护定值。

（2）每年适时发布一次全系统等值阻抗。

（3）等值阻抗有变动应及时通知上、下级调控中心保护整定专职。

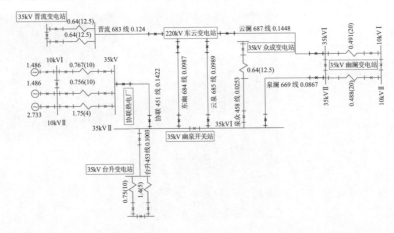

六　回路设计管理

整定运行方式与回路设计不一致、重要回路设计变更未通知整定专职（如出口接点），可能导致保护误操作。

（1）整定计算应查阅设计图纸，与现场确认重要回路设计，掌握现场实际接线。

（2）与保护整定运行方式相关的重要回路设计变更应以联系单形式上报。

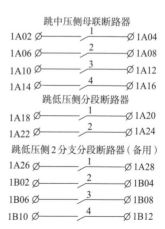

七　保护装置参数管理

保护装置程序版本、保护功能逻辑、保护出口方式不符合相关要求，可能导致误操作或保护不正确动作。

（1）调试单位应上报现场保护装置软件版本清单，不符合版本要求的应安排厂家降回历史可用版本或出具书面版本升级说明并按要求进行检测。

（2）工程验收时检查现场保护软件版本是否符合要求。

（3）线路纵联保护两侧版本应一致。

八　互感器参数管理

　　互感器参数应正确上报调控中心继电保护整定专职，确保图纸、实物、整定单一致。

（1）调试单位应及时将现场互感器铭牌参数上报给整定计算专职。

（2）整定计算时应将上报互感器铭牌参数与图纸设计参数进行核对，有问题时设计单位应出具变更联系单。

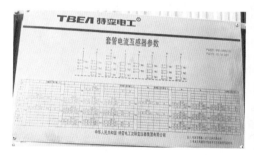

九 其他被保护设备参数

其他诸如电容器（放电线圈）、所用变压器、电动机等的设备台账均应及时正确上报，否则会影响整定单计算进度或导致图实不符整定出错。

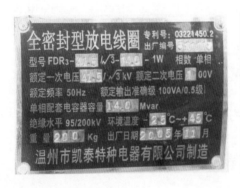

Part 3

在基础知识篇中介绍了整定计算的理论基础和二次回路部分内容，尚未介绍着眼于大电网的保护使用方式。本篇主要介绍这部分内容，说明整定计算需要考虑的电网运行方式，并且对应方式进行整定计算。

电网运行篇

一 电网运行方式

1. 整定计算基本运行方式

正常供电方式，变压器高压侧为电源，中低压侧为负荷。

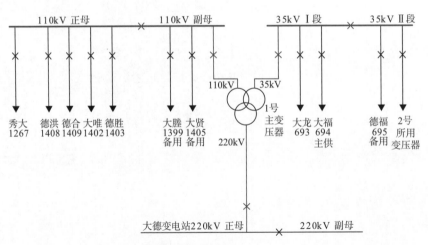

注：红色线表示供电线路。

2．整定计算必要考虑运行方式

常规转供方式，变压器停运，仅利用变电站母线实现同电压等级的转供。

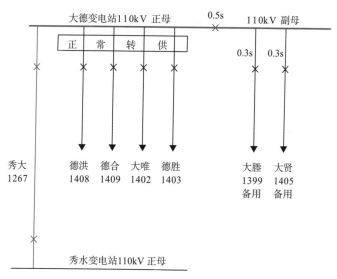

注：红色线表示转供线路。

3. 整定计算一般不考虑的运行方式

特殊转供方式，变压器单侧停运，利用变压器实现不同电压等级的转供。

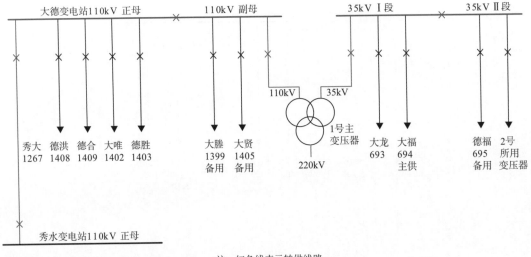

注：红色线表示转供线路。

二 重合闸方式管理

重合闸方式不符合电网运行要求，可能会影响局部电网稳定运行。

（1）常规线路的重合闸方式按规程执行。

（2）特殊线路的重合闸方式应征求运行方式部门意见。

（3）全（部分）电缆线路重合闸是否投入按相关专业主管部门联系单确定。

Part 4

为了保证整定计算的正确性，工作流程必须认真严谨，且由不同人员层层把关。本篇主要介绍整定计算的工作流程、工作依据和工作规范。至此，在整定计算中，除了计算本身以外的工作重点已经全部阐述完成。

流程管理篇

一 编制、校核、审核及签发

整定计算必须进行校核，履行整定计算书和整定单的编制、校核、审核、批准手续，防止因人为过失导致误整定。

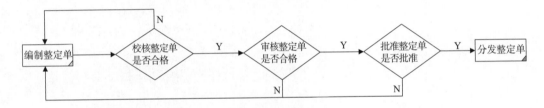

二 定值复核

线路变更或参数实测后应及时复核定值，否则会导致保护定值失配或越限。

（1）参数实测和正式启动之间宜间隔一天。

（2）线路参数实测后应立即提交调控中心保护整定专职复核。

（3）建立并严格执行定值复核机制。

三 整定运行规程

保护整定应严格执行整定运行规程，否则影响保护装置性能发挥，甚至导致误整定事故发生。

（1）严格执行整定计算流程，落实国家、行业等继电保护相关规程中的整定原则。

（2）整定过程中应编制包含计算过程及结论的计算书。

（3）对不满足规程要求的应在整定单中说明，并经领导审批，必要时报安监备案。

ICS 29.240.30
K 45
备案号：22285—2008

DL

中华人民共和国电力行业标准

DL/T 559—2007
代替 DL/T 559—1994

220kV～750kV 电网继电保护装置
运行整定规程

Setting guide for 220kV～750kV power system protection equipment

2007-12-03发布　　　　　　2008-06-01实施

中华人民共和国国家发展和改革委员会　发布

ICS 29.240.30
K 45
备案号：22286—2008

DL

中华人民共和国电力行业标准

DL/T 584—2007
代替 DL/T 584—1995

3kV～110kV 电网继电保护装置
运行整定规程

Setting guide for 3kV～110kV power system protection equipment

2007-12-03发布　　　　　　2008-06-01实施

中华人民共和国国家发展和改革委员会　发布

K45
备案号：6763—2000

DL

中华人民共和国电力行业标准

DL/T 684—1999

大型发电机变压器继电
保护整定计算导则

Guide of calculating settings of relay
protection for large generator and transformer

2000-02-24批准　　　　　　2000-07-01实施

中华人民共和国国家经济贸易委员会　发布

四 整定单格式规范

　保护整定单格式应规范统一，定值项应齐全，内容清晰。

（1）同一地区保护整定单格式应统一。

（2）整定单内容应规范，至少要包括整定单编号、设备名称、保护装置型号、软件版本、保护 TA、TV 变比、整定运行说明。

（3）保护定值项应齐全，定值名称和顺序应与现场装置内相同，并标注定值计量单位。

（4）控制字应根据装置实际情况按二进制或十六进制整定。

（5）整定单流转审核人员签字应齐全。

嘉兴电网继电保护整定单

第 JX2015-0092 号（代原发第 JX2011-0028 号）　　　　　共 4 页 第 1 页

通知日期：2015 年 5 月 5 日

厂所名称	共建变	设备名称	共溪 1321 线	厂家	南瑞继保
TA 变比	1200/5	软件版本号	V2.00X	IN	5A
TV 变比	110/0.1	型　号	RCS-941A	UN	57.7V

距离、零序、重合闸定值清单

序号	定　值　名　称	定值范围	原整定值	新整定值
1	电流变化量起动值（A）	(0.1~0.5) In	1	1
2	零序起动电流（A）	(0.1~0.5) In	1	1
3	负序起动电流（A）	(0.1~0.5) In	0.9	0.9
4	零序补偿系数	0~2	0.6	0.6
5	振荡闭锁过流（A）	(0.8~2.2) In	4	4
6	接地距离 I 段定值（Ω）	0.05~125	0.53	0.53
7	接地 I 段时间（s）	0~10	0	0
8	接地距离 II 段定值（Ω）	0.05~125	1.33	1.33
9	接地距离 II 段时间（s）	0.01~10	0.5	0.5
10	接地距离 III 段定值（Ω）	0.05~125	3.27	10.9 (3.27)
11	接地 III 段四边形（Ω）	0.05~125	3.27	10.9 (3.27)
12	接地距离 III 段时间（s）	0.01~10	0.8	2 (0.8)
13	相间距离 I 段定值（Ω）	0.05~125	0.62	0.62
14	相间距离 II 段定值（Ω）	0.05~125	1.53	1.53
15	相间距离 II 段时间（s）	0.01~10	0.5	0.5
16	相间距离 III 段定值（Ω）	0.05~125	13.09	13.09
17	相间III段四边形（Ω）	0.05~125	13.09	13.09
18	相间距离 III 段时间（s）	0.01~10	2	2
19	正序灵敏角	55°~89°	75°	75°

编制：		校核：		审核：		签发：	

| 执行日期： | | 年　月　日 | 核对结果： | |

| 调度核对人： | | 变电所核对人： | | 核对时间： | 年　月　日　时　分 |

嘉兴电网继电保护整定单

第 JX2015-0092 号（代原发第 JX2011-0028 号）　　　　　共 4 页 第 4 页

厂所名称	共建变	设备名称	共溪 1321 线

运行方式控制字 SW(n)，"1" 表示投入，"0" 表示退出（续第 3 页）

序号	定　值　名　称	原整定值	新整定值	备注
20	投检同期方式	0	0	
21	投检线路无压母有压	0	0	
22	投检母线无压线路有压	0	0	
23	投检线路无压母无压	0	0	
24	投重合闸不检	0	0	
25	TV 断线保留零序 I 段	1	0	
26	TV 断线闭锁重合	0	0	
27	III 段及以上闭重	0	0	
28	多相故障闭重	0	0	

压 板 定 值

序号	定　值　名　称	原整定值	新整定值	备注
1	投距离保护压板	1	1	
2	投零序 I 段压板	1	0	
3	投零序 II 段压板	1	1	
4	投零序III段压板	1	1	
5	投零序IV段压板	0	0	
6	投不对称速动压板	0	0	
7	投双回线速动压板	0	0	
8	投低周保护压板	0	0	
9	投闭锁重合压板	0	0	

说明：1、为溪泮变 2 号主变新投产而整定。

2、本单设三套定值，括号外为 "1" 区，括号内为 "2" 区。另设 "9" 区定值，在 "1" 区定值基础上修改：①接地距离III段时间改 0.3s②相间距离III段时间改 0.3s③零序过流III段时间改 0.3s④重合闸退出。

"1" 区运行方式：共建变主变供，供溪泮变负荷。

"2" 区运行方式：由新华变共仓 13193 新华支线通过共建变 110kV 母线转供本线负荷。定值区切换按调度指令执行。

3、保护允许最大负荷电流 640A。

4、重合闸投无检定方式。

5、零序方向元件投入，方向朝线路。

五 整定单分发、执行

编制完成后，整定单应完整及时地分发至相关单位或部门。

（1）查阅整定单有无缺漏并及时发至现场执行。

（2）查阅现场回执或流程情况，确保执行整定单无缺漏。

（3）投产前调度部门应与运行部门核对新整定单执行编号。

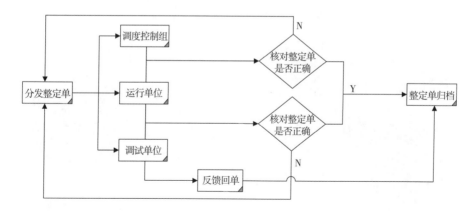

六　整定单核对

现场运行人员、现场调试人员应仔细核对装置实际定值。

（1）定值输入完毕后，运行工区应核对装置实际定值，并与调度核对整定单编号。

（2）整定单核对内容应包括互感器变比、定值项、各功能投退、软硬压板等。

（3）调度、运行、检修每年应开展整定单三方面核对工作。

（4）保护装置校验完成后，应后台打印整定单并核对定值。

七 保存、互备及报备

　　有效整定单与作废整定单应能有效区分，交界面整定单应及时报备，防止现场误整定和上下级定值失配等问题。

　　（1）作废整定单应有明显作废标识，并独立保存。有效整定单应盖已执行公章并及时归档。

　　（2）涉及上下级电网交界面定值调整的整定单应及时报备相关调度机构。

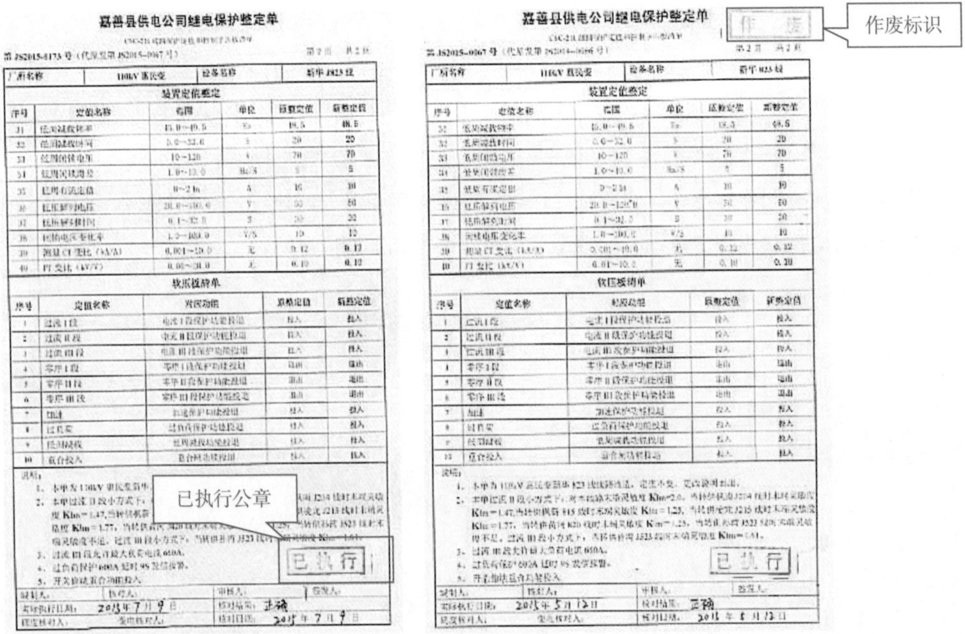
嘉善县供电公司继电保护整定单
装置定值整定
序号
定值名称
范围
单位
软压板碑单
已执行公章
已执行
嘉善县供电公司继电保护整定单
作废
作废标识
装置定值整定
已执行

八 临时整定单

　　一些较为特殊的方式下，需要临时配置一次性的整定值。临时整定单用完后应及时作废，避免导致现场混淆整定单，导致误整定。

　　（1）临时整定单均应说明使用场合、时段的要求。

　　（2）在启动方案或检修单中注明临时整定单使用时间和作废时间。

编号：钱约 148250　　代原编号：　　　　　　共 5 页　第 1 页

浙江电力调度控制中心
第一套微机保护（CSC-103B 型）整定通知书

校验单位：国网嘉兴供电公司　　　　　　通知日期：2014 年 10 月 14 日

青石 变电站		线 路 名 称	桐青 2U00 线	额定电压	2 2 0 kV
CSC-103B 设备参数					

类别	序号	定值名称	参数范围 （In 为 1A 或 5A）	单位	参数值
基本 参数	1	定值区号	1~32		3
	2	被保护设备			桐青 2U00 线
TA	3	TA 一次额定值	1~9999	A	1600
	4	TA 二次额定值	1 或 5	A	1
TV	5	Tv 一次额定值	1~1200	kV	220
通道	6	通道类型	专用光纤、复用光 纤、复用微波、收 发信机		复用光纤

说明：
1. 本定单定值均为二次值。请现场核对 TA 变比，确保与整定单一致。
2. CSC-103B 软件版本 V1.0G07。通信参数由现场定。
3. 远跳回路投入，本侧 220kV 母差动作跳本线断路器时应启动本装置远跳回路。
4. 本装置为双订保护，通道 A 复用 2M，通道 B 暂时不用。
5. 正常运行时 CSC-103B "纵联整动保护" 软、硬压板投入；置合闸为单重方式（合闸出口压板投入，"停用重合闸" 软、硬压板退出）。当本线置合闸停用时，本装置 "停用重合闸" 压板投入，合闸出口压板退出。
6. 本线为超短线路，距离保护 I 段和快速距离保护控制字退出。
7. 本整定单为临时定值，只有在青石变合环方式下使用。　　←　使用场合
8. 放在定值区 3，由调度发令切换定值区。

编制：　　　校核：　　　审核：　　　批准：

执行人　　　　　日期　　　　　核对人　　　　　日期

Part 5

关于整定计算工作对计算本身教学的书籍很多，本手册不再重复展开，而着重于计算工作实践中的一些关于非数字性内容的判别，以及容易出错的或者依赖于经验性整定的问题，旨在为实际工作答疑解惑。

整定计算篇

一　线路保护

1. 纵联通道方式

纵联保护通道方式设置错误，可能会导致通道联调失败或主保护存在潜在隐患。

（1）根据通信通道命名或通道（频率）分配联系单核对通道方式。

（2）正确设置不同通道方式下的线路保护定值，尤其是允许式和闭锁式方式。

（3）应将通道方式在整定单中注明，便于现场人员核对。

2. 主、从机方式

纵联差动保护装置两侧主、从机设置错误，会使两侧装置采样同步失败或产生定期滑码。必须一侧设为主机，一侧设为从机。

编号：临时 145230　　　代原编号：　　　　　　　共　3　页　第　1　页

浙江电力调度控制中心
第一套微机保护（CSC-103B 型）整定通知书

校验单位：国网嘉兴供电公司　　　　　　通知日期：2014 年 10 月 14 日

青石　变电站	线 路 名 称 桐青 2U00 线		额定电压	2 2 0 kV
CSC-103B 设备参数				

类别	序号	定值名称	参数范围（In 为 1A 或 5A）	单位	参数值
基本参数	1	定值区号	1~32		3
	2	被保护设备			桐青 2U00 线
TA	3	TA 一次额定值	1~9999	A	1600
	4	TA 二次额定值	1 或 5	A	5
TV	5	TV 一次额定值	1~1200	kV	220
通道	6	通道类型	专用光纤、复用光纤、复用载波、收发信机		复用光纤

通道设置

说明：
1. 本定单定值均为二次值。**请现场核对 TA 变比，确保与整定单一致。**
2. CSC-103B 软件版本 V1.02GZ，通信参数由现场定。
3. 远跳回路投入，本侧 220kV 母差动作跳本线断路器时应启动本装置远跳回路。
4. **本装置为双口保护，通道 A 复用 2M，通道 B 暂时不用。**
5. 正常运行时 CSC-103B "纵联差动保护"软、硬压板投入；重合闸为单重方式（合闸出口压板投入，"停用重合闸"软、硬压板退出）。当本线重合闸停用时，本装置"停用重合闸"压板投入，合闸出口压板退出。
6. 本线为超短线路，距离保护 I 段和快速距离保护控制字均退出。
7. 本整定单为临时定值，只有在青石变合环方式下使用。
8. 放在定值区 3，由调度发令切换定值区。

编制：　　　校核：　　　审核：　　　批准：

执行人　　　日期　　　核对人　　　日期

3. 通信时钟

纵联差动保护内外（主从）时钟设置错误，会产生定期滑码。

（1）选择发送时钟采用内时钟或外时钟。

（2）专用光纤，两侧均设置为内时钟方式。

（3）复用 SDH 2M，一般两侧均设置为内时钟方式。对 PSL-603GA 设置为复用通道、从时钟方式。

（4）复用 PCM，两侧均设置为外时钟方式。

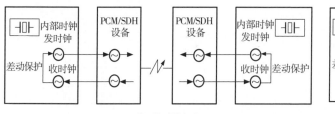

从—从时钟方式

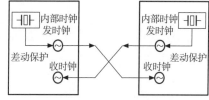

内时钟(主—主)方式

4. TA变比补偿系数

TA 变化时，TA 变比补偿系数未及时调整或补偿系数计算方法与实际装置技术要求不符，则会造成两侧电流不平衡，产生差流，导致差动保护区外故障误动。

（1）一侧 TA 变比变更时，应同时校核两侧 TA 变比补偿系数。

（2）不同型号保护装置 TA 变比补偿系数应按装置实际要求整定计算。

5. 电缆线路距离保护

电缆线路距离保护整定应考虑电阻部分，否则距离保护灵敏度不足。

（1）电缆线路距离保护整定不得将阻抗值近似取电抗值，阻抗灵敏角应精确设置。

（2）计算应采用更保守的可靠系数与灵敏度。

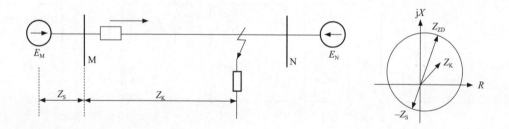

6. 接地距离零序补偿系数

零序补偿系数应考虑同杆并架线路一回线检修情况，若参数未实测而引起零序补偿系数实际值与经验值偏差较大，会导致距离保护灵敏度不足或保护范围越限。

（1）同杆并架线路零序补偿系数应取略小于实测值，同时放大距离保护灵敏系数。

（2）零序补偿系数取比经验值略小，以保证选择性。

（3）距离保护灵敏度比规定取略大，以保证灵敏性。

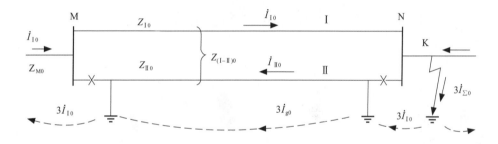

7. T接线路距离保护

T接线路距离保护整定线路阻抗选择不当时，可能会造成部分线路保护灵敏度不足或保护范围越限。

（1）T接线距离Ⅰ段定值应按躲最短线路段阻抗整定。

（2）距离Ⅱ段定值应按最长线路阻抗有灵敏度整定。

（3）距离Ⅱ段定值应按躲所有下一级主变压器低压侧整定。

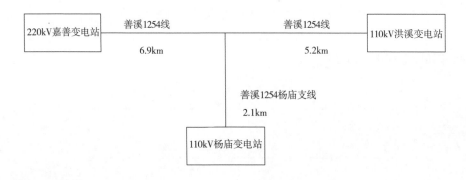

8. 线路负荷阻抗

距离保护电阻限制定值应正确整定，避免线路潮流较大时线路负荷阻抗小于距离保护动作定值误动。

（1）距离保护动作定值应躲过线路最大输送限额，应按实际装置距离保护 R 轴动作边界精确计算。

（2）线路输送限额应根据运维（检修）部确定的导线型号、TA 变比确定。电磁环网处需运方部门提供短时最大事故转移潮流。

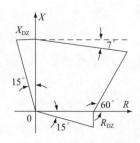

（3）距离保护无法躲过一次输送限额时，应计算出保护限额，并按此控制负荷。

9. $3U_0$ 突变量闭锁

零序电流保护若经 $3U_0$ 突变量闭锁，在高阻接地时，零序电流保护会拒动。因此零序电流保护整定时应选择不经 $3U_0$ 突变量闭锁。

10. 电压闭锁

线路过流保护若经电压闭锁，会因电压元件灵敏度不足导致过流保护拒动。

（1）35kV 及以下线路过流保护一般不经电压元件闭锁。

（2）若经电压元件闭锁，必须校核电压元件灵敏度。

11. 冲击负荷

供电线路冲击负荷过大可能会造成保护频繁启动。

（1）特殊用户（如炼钢、电解）线路，应了解用户实际负荷计算启动元件定值。

（2）可采用快速复归的特殊版本线路保护。

12. 振荡闭锁

距离保护未经振荡闭锁，振荡中心落入本线的联络线距离保护可能误动。

（1）终端线路距离保护一般不经振荡闭锁控制。

（2）电源间联络线距离保护应经振荡闭锁。

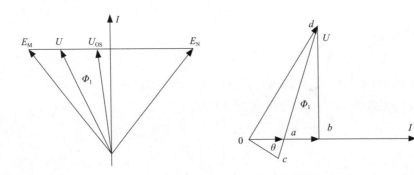

13. 旁路保护

本线调整后应及时调整旁路保护定值，否则旁路代本线运行时保护存在安全隐患。

（1）本线定值调整后应及时校核、调整旁路保护定值。

（2）调整后的旁路保护整定单应与本线整定单同步执行，否则禁止旁路代本线操作。

（3）旁路断路器空充旁路母线运行时应投入距离Ⅰ段保护定值。

14. 分层分区或转供线路

线路运行方式过于灵活，保护定值无法全适应，某些方式下存在定值失配。

（1）按常见运行方式完全配合整定，特殊方式允许失配，长时间临时方式应执行临时整定单。

（2）确实无法适应时应限制一次系统运行方式。

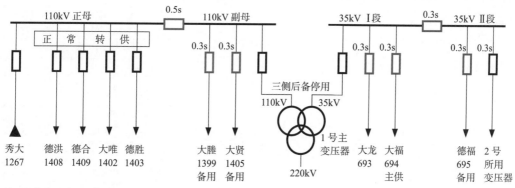

注：红色表示需要调整的保护

15. 超短线路

短线路由于线路阻抗小，快速后备 I 段定值容易越限，上下级线路保护定值配合难。

（1）系统无要求时，可直接退出快速后备 I 段保护。

（2）后备延时段尽可能完全配合整定，确无法保证时按不完全配合整定。

（3）加强主保护（配置光差保护），上下级线路的后备保护与超短线路的主保护配合。

编号：临时 145230　　　代原编号：　　　　　　　　共 3 页　第 1 页

浙江电力调度控制中心
第一套微机保护（CSC-103B 型）整定通知书

校验单位：国网嘉兴供电公司　　　　　　通知日期：2014 年 10 月 14 日

青石 变电站	线 路 名 称 桐青 2U00 线	额定电压	2 2 0 kV

CSC-103B 设备参数

类别	序号	定值名称	参数范围（In 为 1A 或 5A）	单位	参数值
基本参数	1	定值区号	1~32		3
	2	被保护设备			桐青 2U00 线
TA	3	TA 一次额定值	1~9999	A	1600
	4	TA 二次额定值	1 或 5	A	5
TV	5	TV 一次额定值	1~1200	kV	220
通道	6	通道类型	专用光纤、复用光纤、复用载波、收发信机		复用光纤

说明：

1. 本定单定值均为二次值。请现场核对 TA 变比，确保与整定单一致。
2. CSC-103B 软件版本 V1.02GZ。通信参数由现场定。
3. 远跳回路投入，本例 220kV 母差动作跳本线断路器时应启动本装置远跳回路。
4. 本装置为双口保护，通道 A 复用 2M，通道 B 暂时不用。
5. 正常运行时 CSC-103B "纵联差动保护" 软、硬压板投入；重合闸为单重方式（合闸出口压板投入，"停用重合闸" 软、硬压板退出）。当本线重合闸停用时，本装置 "停用重合闸" 压板投入，合闸出口压板退出。
6. 本线为超短线路，距离保护 I 段和快速距离高保护控制退出。
7. 本整定单为临时定值，只有在青石变合环方式下使用。
8. 放在定值区 3，由调度发令切换定值区。

编制：　　校核：　　　审核：　　　批准：

执行人　　　日期　　　　核对人　　　　日期

二 母线保护

1. 基准变比

基准变比选择不当，容易造成正常运行母差差流偏大。

（1）应选择最多间隔相同的 TA 变比作为基准变比。

（2）BP-2A/2B 自动选取最大变比作为基准变比。

（3）差动定值、失灵电流判别定值（BP-2A/2B 除外）均以基准变比为准。

参数序号	参数名称		可选择范围
1	母线编号	母线 1	Ⅰ 段，Ⅱ 段，Ⅲ 段，Ⅳ 段，Ⅴ 段，Ⅵ 段，
		母线 2	Ⅶ 段，Ⅷ 段，Ⅸ 段，Ⅹ 段
		母线 3	
2	间隔 1	间隔类型	母联，分段，变压器，发电机变压器组，旁路，线路，其他
		断路器编号	XXXX（X: 0~9，A~Z）
		TA 变比*	由用户提供实际应用的 TA 变比数据，例如： 1200/In，800/In，600/In，400/In，300/In
:	间隔 x	间隔类型	母联，分段，变压器，发电机变压器组，旁路，线路，其他
		断路器编号	XXXX（X: 0~9，A~Z）
		TA 变比*	由用户提供实际应用的 TA 变比数据，例如： 1200/In，800/In，600/In，400/In，300/In
25	间隔 24	间隔类型	母联，分段，变压器，发电机变压器组，旁路，线路，其他
		断路器编号	XXXX（X: 0~9，A~Z）
		TA 变比*	由用户提供实际应用的 TA 变比数据，例如： 1200/In，800/In，600/In，400/In，300/In

* 表中所列是电流互感器额定一次电流等级，In 是装置固化参数中确定的 TA 额定电流，用户只需按实际变比选择其中一项即可。装置自动选取实际设定的所有间隔 TA 变比中的最大值为基准变比，并自动进行变比折算。备用间隔整定为可设定的最小变比。

所有差电流、和电流的计算和显示都已经归算至基准变比的二次侧。为保证精度，各单元 TA 变比之间不宜差距 4 倍以上。

> BP-2B 母线保护

2．TA调整系数

TA变比若与现场不符，容易引起差动电流不平衡，导致区外故障误动。

（1）整定计算时，图实核对，确保TA变比正确。

（2）备用间隔TA调整系数应设置为0。

3．隔离开关位置

若单母分段与双母单分接线支路隔离开关位置错误，易引起小差电流不平衡，母线故障时误切正常母线。

（1）整定时应了解母差保护中各运行间隔接入支路位置。

（2）带负荷试验时应检查大、小差不平衡电流。

4．双母单分段接线母联断路器1、2

双母单分段接线母联断路器1、2设计命名与调度命名容易混淆，若TA变比设反不一致则导致小差电流不平衡。

（1）应仔细核对调度命名与设计命名。

（2）同一变电站内母联（母分）间隔TA变比应相同。

浙江电力调度通信中心
第一套母差保护（BP-2C型）整定通知书

校验单位：嘉兴电力局　　通知日期：2009年6月12日

正阳　变电所		设备名称 220kV 母线		额定电压 220kV		TV：220/0.1kV TA：2000/5A

TA 变比设置

类别	序号	参数名称	单位	备注	值
基本参数	1	定值区号			
	2	被保护设备			正阳……母差1
TV参数	3	TV一次额定值	kV		220
TA	4~51	支路1~24 TA一次值	A		见说明
		支路1~24 TA二次值	A		5
	52	基准TA一次值	A		2000
	53	基准TA二次值	A		5
母差保护	1	差动保护启动电流定值	A		5
	2	TA断线告警定值	A		0.25
	3	TA断线闭锁定值	A		0.3
	4	母联（分段）失灵电流定值	A		1.2
	5	母联（分段）失灵时间	s		0.2
失灵保护	6	低电压闭锁定值	V	相电压	40
	7	零序电压闭锁定值	V	3 U0	6
	8	负序电压闭锁定值	V	相电压	4
	9	变压器失灵相电流定值	A		1.5
	10	失灵零序电流定值	A	3 I0	0.7
	11	失灵负序电流定值	A	I2	0.4
	12	失灵保护1时限	s		0.2
	13	失灵保护2时限	s		0.4
保护控制字		差动保护	0，1		1
		失灵保护	0，1		1
软压板	1	差动保护	0，1		1
	2	失灵保护	0，1		1
	3	远方修改定值投入	0，1		0

说明	1. 软件版本号为2C-V1.00-GZJ。 2. 所有220kV运行间隔TA变比均为2000/5A，请现场核对确保与整定一致。 3. 现有各元件按设计接入1母差相应支路，TA仍依按实际设置，其他备用支路TA一次值置为0。各支路电流定值均以基准TA变比为准的二次值。 4. 失灵保护经0.2s跳220kV母联开关，0.4s跳对应母线上所有开关。 5. 正常运行时，互联（单母）压板停用；当220kV正、副母线打通或倒排操作时，互联（单母）压板投入。 6. 正常运行时分列压板停用；当220kV母联断路器拉开时，正副母线分列运行压板投入。 7. 为正阳变投产而整定单。

编制：	校核：	审核：	批准：
执行人：	日期：	核对人：	日期：

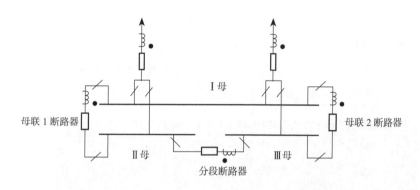

5. 启动备用变压器间隔

启动备用变压器间隔失灵电流判别定值应单独整定,不可取与主变压器相同,否则会造成失灵电流判别元件灵敏度不足。应根据启备变压器低压侧故障有足够灵敏度核算失灵电流判别元件定值,并在整定单中单独列出。

6. 复合电压闭锁元件

失灵保护复压闭锁元件不可简单的取与母差保护相同,否则低电压元件对长线路末端三相故障灵敏度不足。母线上有较长线路时,必须校核长线路末端故障时失灵保护复压闭锁元件灵敏度。

7. TA断线告警

TA 断线差动告警定值不宜取值过大，否则 TA 断线差流达不到告警值。

（1）按躲正常运行差动最大不平衡电流整定，对轻负荷线路 TA 断线能灵敏反应。

（2）运行人员应定期巡视差动不平衡电流。

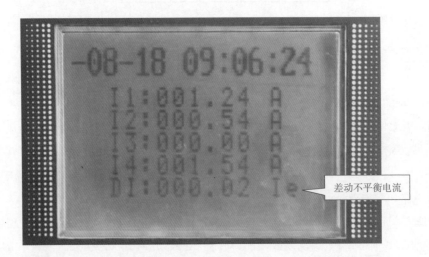

8. 不接地系统$3U_0$

不接地系统 $3U_0$ 定值不宜过小，否则系统单相接地故障复压闭锁元件开放、频繁告警。

（1）不接地系统 $3U_0$ 闭锁定值整定最大。

（2）不接地系统母差保护应退出零序电压元件。

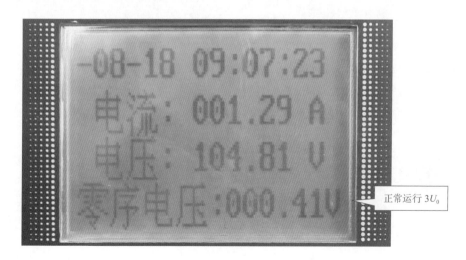

正常运行 $3U_0$

三 变压器保护

1. 定值基准

主变压器差动保护基准定值 I_N、I_e 设置过高或过低，导致正常运行保护误动或故障时拒动。

2. 变压器接线方式

变压器接线方式设置错误，容易导致区外故障主变压器差动保护误动。

（1）应查阅变压器出厂试验报告，确定变压器接线方式。

（2）查阅保护说明书，确定接线型式设置方法。

（3）注意 500kV 主变压器差动保护低压侧是否接 Δ 环内 TA 电流。

序号	名称	符号	整定范围	量纲	备注
1	保护定值区号		0~15		
2	变压器容量	S		MVA	
3	一侧额定电压	U1n		KV	
4	二侧额定电压	U2n		KV	
5	三侧额定电压	U3n		KV	变压器接线方式
6	四侧额定电压	U4n		KV	
7	二次额定电压	Un	100	V	输入100V 即可
8	变压器接线方式	Kmode	00~19		

变压器 一次接线方式	TA接成全星型时 "变压器接线方式"整定值	TA在装置外部进行 Y/Δ 转换时，"变压器接线方式"整定值
Y/Y-12/Y-12/Y-12	00	10
Y/Y-12/Y-12/Δ-11	01	11
Y/Y-12/Δ-11/Δ-11	02	12
Y/Δ-11/Δ-11/Δ-11	03	13
Y/Y-12/Y-12/Δ-1	04	14
Y/Y-12/Δ-1/Δ-1	05	15
Y/ Δ-1/Δ-1/ Δ-1	06	16
Y/ Δ/Δ/Δ	07	
Δ/Δ/Δ/Δ	07	
Δ/ Δ-12/Y-11/Y-11	08	18
Y/Y-12/Δ-11/Y-10	09	19

3. 额定参数

变压器额定参数、各侧 TA 变比设置应与现场一致，否则差动保护各侧平衡系数计算出错，产生不平衡电流。

（1）查阅图纸资料，正确整定变压器额定参数。

（2）对桥接线站，应检查进线断路器和桥断路器 TA 是否共用定值。

4. 零序电流消除

主变压器差动保护如果未消零，则区外接地故障主变压器差动保护易误动。

（1）无论变压器 Y_N 侧运行时是否接地，均投入零序电流消除功能。

（2）对低压侧为低电阻接地系统、△侧引线装设接地变压器的主变压器差动保护，△侧

嘉兴电网继电保护整定单

第 JX2015-0270 号（代原发第 JX2011-0020、JX2011-0019 号）　　　　共 4 页 第 1 页

通知日期：2015 年 10 月 16 日

厂所名称		通元变	设备名称		进线、桥断路器 TA 不共用
型　号	NSR691RF	软件版本号		V5.31	
TA 变比	110kV 侧（一侧）		110kV 分段（二侧）	10kV 侧（双分支）（三、四侧）	
	1200/5		1200/5	2500/5	

	系统参数				
序号	定　值　名　称	符　号	原定值	新定值	
1	变压器容量（MVA）	SN	50	40	
2	变压器绕组接线方式	KMODE	221.10	221.10	
3	高压侧一次额定电压（kV）	UH1N	110	110	主变压器参数
4	桥侧一次额定电压（kV）	UQ1N	110	110	
5	中压侧一次额定电压（kV）	UM1N	21	10.5	
6	低压侧一次额定电压（kV）	UL1N	21	10.5	
7	TV 二次额定值（V）	U2N	100	100	TV 参数
8	高压侧 TA 一次额定值（kA）	IH1N	1.2	1.2	
9	桥侧 TA 一次额定值（kA）	IQ1N	1.2	1.2	TA 参数
10	中压侧 TA 一次额定值（kA）	IM1N	2.5	2.5	
11	低压侧 TA 一次额定值（kA）	IL1N	2.5	2.5	
12	TA 二次额定值（A）	I2N	5	5	

	保护定值清单				
序号	定　值　名　称	符　号	原定值	新定值
1	差动速断保护投入	KCDSD	1（投入）	1（投入）
2	差动速断保护差流定值	ICDSD	13	12.12
3	比率差动保护投入	KBLCD	1（投入）	1（投入）
4	比率差动保护起始差流定值（A）	ICDQD	0.95	0.76
5	比率差动保护制动定值 1（A）	IR1	0.95	0.76
6	比率差动保护制动定值 2（A）	IR2	5.68	4.55
7	比率差动保护比率制动系数 1	KB1	0.5	0.5

编制：		校核：		审批：		签发：	
执行日期：		年　月　日	核对结果：				
调度核对人：		变电所核对人：		核对时间：	年　月　日　时　分		

也须消除零序电流。

5. 比率制动系数

比率制动系数定值设置不合理，容易出现差动灵敏度过高或不足，应按装置实际制动特性整定。

（1）对采用最大侧短路电流或各侧短路电流平均值作为制动量的主变压器保护，比率制动系数应设置为 0.5 ~ 0.6。

（2）对采用各侧短路电流绝对值之和作为制动量的主变压器保护，比率制动系数应设置为 0.4 ~ 0.45。

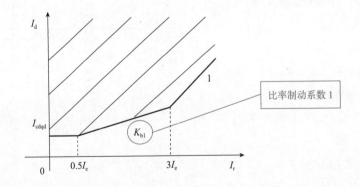

6. 保护跳闸矩

跳闸矩阵不固化的主变压器保护应明确整定跳闸方式，主变压器保护出口跳闸方式设置应符合相关规定。保护整定单中，应整定跳闸矩阵或明确说明各保护出口方式。

××电网继电保护整定单

第 JX2014-0010 号（代原发第　　号）　　　　　共 8 页 第 5 页

厂所名称	安 江 变		设备名称	#1 主变第一套保护
定值及控制字清单（续第 3 页）				

序号	定　值　名　称	单位	原定值	新定值
98	零序过流 1 时限（公共绕组）	s		10
99	高压侧自动风冷电流定值	A		20
100	高压侧自动风冷时限	s		10
101	高压侧零序谐波电流定值	A		20
102	高压侧零序谐波时限	s		10
103	公共绕组过负荷定值	A		20
104	复压闭锁过流 1 时限（公共绕组）投退			0
105	零序过流（公共绕组）投退			0
106	高压侧零序过流投退			0
107	高压侧零序有效投退			0
108	采件值差动投退			0
109	起动保护全切变压器跳闸控制字			000F
110	复压闭锁过流 1 段 1 时限（高）跳闸控制字			0002
111	复压闭锁过流 1 段 2 时限（高）跳闸控制字			000F
112	复压闭锁过流 1 段 3 时限（高）跳闸控制字			000F
113	零序过流 1 段 1 时限（高）跳闸控制字			0002
114	零序过流 1 段 2 时限（高）跳闸控制字			000F
115	零序过流 11 段 2 时限（高）跳闸控制字			000F
116	间隙保护（高）跳闸控制字			000F
117	复压闭锁过流 1 时限（中）跳闸控制字			0040
118	复压闭锁过流 2 时限（中）跳闸控制字			0101
119	限时速断 1 时限（中）跳闸控制字			000F
120	限时速断 2 时限（中）跳闸控制字			0040
121	复压过流 2 时限（中）跳闸控制字			0102
122	零序过流 1 时限（中）跳闸控制字			0040
123	零序过流 2 时限（中）跳闸控制字			0102
124	零序过流 11 段（中）跳闸控制字			000F

××电网继电保护整定单

第 JX2014-0010 号（代原发第　　号）　　　　　共 8 页 第 6 页

厂所名称	安 江 变		设备名称	#1 主变第一套保护
定值及控制字清单（续第 3 页）				

序号	定　值　名　称	单位	原定值	新定值
125	间隙保护（中）跳闸控制字			000F
126	过流 1 时限（低 1）跳闸控制字			0400
127	过流 2 时限（低 1）跳闸控制字			1004
128	过流 3 时限（低 1）跳闸控制字			000F
129	复压闭锁过流 1 时限（低 1）跳闸控制字			0400
130	复压闭锁过流 2 时限（低 1）跳闸控制字			1004
131	复压闭锁过流 3 时限（低 1）跳闸控制字			000F
132	过流 1 时限（低 2）跳闸控制字			1004
133	过流 1 时限（低 2）跳闸控制字			0800
134	过流 2 时限（低 2）跳闸控制字			2008
135	过流 3 时限（低 2）跳闸控制字			000F
136	复压闭锁过流 1 时限（低 2）跳闸控制字			0800
137	复压闭锁过流 2 时限（低 2）跳闸控制字			2008
138	复压闭锁过流 3 时限（低 2）跳闸控制字			000F
139	零序过流 1 时限（低 2）跳闸控制字			2008
140	复压过流（公共绕组）跳闸控制字			000F
141	零序过流 1 时限（公共绕组）跳闸控制字			000F

装置参数定值单

序号	参数名称	范围	单位	原定值	新定值
1	定值区号	1～4			1
2	被保护设备	满足 8 个汉字字长度			一号主变
3	主变高中压侧额定容量	1～3000	MVA		240
4	主变低压侧额定容量	1～3000	MVA		120
5	中压侧接线方式系数	1～12			12
6	低压侧接线方式系数	1～12			11
7	高压侧额定电压	1～300	kV		220

××电网继电保护整定单

第 JX2014-0010 号（代原发第　　号）　　　　　共 8 页 第 7 页

厂所名称	安 江 变		设备名称	#1 主变第一套保护
装置参数定值单（续第 5 页）				

序号	参数名称	范围	单位	原定值	新定值
8	中压侧额定电压	1～150	kV		115
9	低压侧额定电压	1～75	kV		21
10	高压侧 TV 一次值	1～300	kV		220
11	中压侧 TV 一次值	1～150	kV		110
12	低压侧 TV 一次值	1～75	kV		20
13	高压侧 TA 一次值	0～9999	A		1250
14	高压侧 TA 二次值	1 或 5	A		1
15	高 2 分支（桥）TA 一次值	0～9999	A		0
16	高 2 分支（桥）TA 二次值	1 或 5	A		1
17	中压侧 TA 一次值	0～9999	A		200
18	中压侧 TA 二次值	1 或 5	A		1
19	中压侧 TA 一次值	0～9999	A		1000
20	中压侧 TA 二次值	1 或 5	A		1
21	中压侧 TA 一次值	0～9999	A		200
22	中压侧 TA 二次值	1 或 5	A		1
23	低 1 侧 TA 一次值	0～9999	A		3180
24	低 1 分支 TA 二次值	1 或 5	A		1
25	低 2 侧 TA 一次值	0～9999	A		3180
26	低 2 分支 TA 二次值	1 或 5	A		1
27	公共绕组 TA 一次值	0～9999	A		0
28	公共绕组 TA 二次值	1 或 5	A		1

跳 闸 矩 阵 清 单

位	15	14	13	12	11	10	9	8	7	6	5	4	3	2	1	0
动作	未定义	未定义	闭锁低压 1 分支备自投	闭锁低压 2 分支备自投	闭锁低压分段备自投	跳闸中压分段	跳闸中压母联	跳闸高压母联	跳闸高中压侧	跳闸低压 1 分支	跳闸低压 2 分支	跳闸高压侧	跳闸低压 1 分支	跳闸低压 2 分支	跳闸中压侧	跳高压侧

四　其他设备保护

应分清电容器的接线方式，放电线圈变比，所用变压器的容量、阻抗等。

（1）运行工区应及时正确上报电容器、所用变压器等设备台账。

（2）电容器整定计算应弄清电容器是内熔丝还是外熔丝，如无法确定应及时联系厂家。

（3）根据主变压器容量正确选取电容器容量。

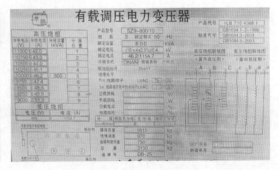

Part 6

从本篇开始介绍与整定计算相关的工作。由于整定计算的前提之一就是对于电网方式的考虑和对于保护的运用，因此在电网设备检修、方式改变等情况下均可能发生整定单的不适应情况。本篇主要介绍电网检修工作开展时可能对原有整定结果产生影响的环节。由于电网检修千变万化，各种情况很多，难以面面俱到的描述，这项工作对于长期、丰富经验的依赖性还是很高的。

检修计划篇

一 **旧方式批复**

根据检修申请签署继电保护意见，避免主网设备启动和运行过程失去保护或保护未及时退出，防止电网事故或隐患。

（1）全面了解工作票的工作内容后再批复意见。

（2）涉及停役的设备、对系统的影响等要全面考虑。

（3）按照保护检修运行规定，统一、规范填写保护批复意见。

二 运行方式核算

　　一次系统元件停役不得超过保护整定许可的方式，发电厂机组开停机方式不得小于保护最小方式。否则导致保护失配，部分保护灵敏度不足。

　　（1）一次系统方式变动不得超过保护整定许可范围，发电厂机组开停机方式不得低于保护灵敏度要求的最小开机方式。

　　（2）局部电网设备必须停役且超出保护整定许可范围时，应核算并出具保护意见。

说明：			
1.　本单为应协联电厂要求，适应发电机方式调整变化而出。			
2.　过流 III 段允许最大负荷电流 320A。			
3.　小方式下协联 451 线末端短路，协联　　　整定单对发电厂开停机方式限制			
4.　禁止 3 号机组单机发电运行。			
5.　禁止协联电厂带里泽变 35kV 系统小网运行。			
6.　过负荷保护延时 9S 发信报警。			
7.　本单过流 III 段电流定值 460A、时间 2.5S，协联热电厂上级开关应与此定值相配合。			
8.　协联热电厂值班员应严格控制出力，电流必须控制在 320A 以下。			
编制人：	核对人：	审核人：	签发人：
执行期限　　　　　年　　月　　日		实际执行日期：　　　　　年　　月　　日	
调度核对人：　　　　　　年　　月　　日		变电所核对人：　　　　　年　　月　　日	

三 线路纵联保护

1. 线路纵联保护调整

线路纵联保护全部退出且未采取有效调整措施，故障时可能造成局部电网稳定事故或者与上级保护失配。

（1）双重化配置的线路纵联保护，应保证至少有一套纵联保护正常投入。

（2）双套纵联保护均退出时，应根据稳定要求停运一次设备或调整线路两侧保护灵敏段时限。

2. 纵联保护两侧状态

纵联保护两侧状态必须保持一致，否则可能导致纵联保护区外故障误动或一侧试验过程中可能误跳对侧断路器。

3. 线路纵联保护工作

光纤差动保护单侧有工作或改造后的母差接口传动，应调整另一侧线路保护跳闸状态，否则试验过程中可能误跳对侧断路器。

（1）一侧断路器某套光差保护需退出进行缺陷处理或试验传动，对侧断路器相应线路保护应整套改信号（包括后备保护）。

（2）当两套光纤差动保护均退出进行缺陷处理或试验传动，两侧断路器均需拉开。

（3）母差与某线路间隔接口传动试验期间，若该线路为光纤差动保护，则对侧线路保护应整套改信号（包括后备保护）。当线路保护均为光纤差动保护，则对侧断路器应拉开。

四　终端线路保护

送终端线路合环操作时，应投入受电侧保护，否则若合环时发生故障将造成事故扩大甚至电网稳定事故。

（1）对正常为送终端方式的 220kV 线路保护，合环操作时必须先投入受电侧保护。

（2）对重合闸为特重（单相故障三跳三合，多相故障不重合）方式的 220kV 单线送终端线路，最多只能送 2 台主变压器。

（3）应加强电网接线，优化保护配置，减少送终端方式应用。

五 旁路保护

配置双套光纤差动保护的线路开关旁路代本线，线路会失去纵联保护。旁路代本线操作前未退出本线光纤差动保护，当旁路开关与本线开关并列时，光纤差动保护会误动。

（1）不允许配置双套光纤差动保护的线路开关旁路代本线运行，应在旁路保护整定单和现场运行规程中注明。

（2）罗列更新不允许旁路代的双光差线路清单，并抄送调度计划与调度运行。

（3）旁路代操作并列前应退出本线光纤电流差动保护。

六 母线保护

母线保护停役应调整相关保护，否则母线故障将造成电网稳定事故。

（1）双重化配置的母差保护，应保证至少有一套正常投入。

（2）双套母差保护均退出时，应根据稳定要求采取调整相关保护动作时间、投入母联（母分）过流解列保护等措施。

七 主变压器中性点

　　主变压器停复役或母线改分列（并列）时，应及时调整母线上的主变压器中性点方式，防止零序电流保护失配或接地故障引起系统过电压。

　　（1）应根据规定确定主变压器中性点接地方式，并保持接地阻抗相对稳定。

　　（2）运行方式发生变化时，应及时调整主变压器中性点接地方式。

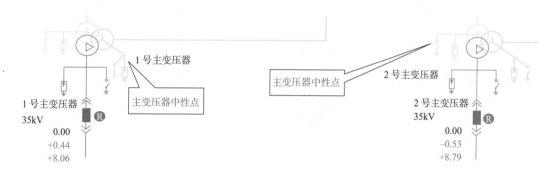

八　母联（或临时）过流保护

母联定值应躲过正常穿越功率，否则合环时保护会误跳。启动结束后，应及时退出母联保护。

（1）核对母联保护定值，确保躲过正常穿越功率，并对被保护设备有足够灵敏度。

（2）穿越功率应以运行方式部门提供为准。

九　保护相关设备

可能会影响继电保护运行的设备停役，应经过继电保护专业会签意见，否则可能造成继电保护运行障碍。

（1）应关注光纤通信设备、互感器、直流系统等对保护有影响的设备停役申请。

（2）应会签设备停役后对保护影响的意见。

十　检修计划

继电保护专业应参加检修计划会议，确保继电保护工作按时列入检修计划。

（1）应参与年度、月度及周计划的讨论和制定，决定保护改造、检验、反措、改定值等检修计划工作。

（2）仔细审核停电计划中相关保护的投停状态及运行情况。

十一　并网小电源

方式调整应及时调整地区电源（或分布式电源）联跳方式，否则导致漏跳或误跳并网小电源。

（1）应根据运行方式变化，对主变压器中性点保护及安全自动装置联跳各类电源方式进行相应调整。

（2）当 110kV 变电站 110kV 中性点接地运行，且保护有足够灵敏度时，可以使用线路保护联跳 110kV 并网的地区电源，不接地时则需要使用故障解列联跳。

（3）当高、低压侧分列运行时，取高压母线电压互感器电压的各套故障解列装置跳低压对应母线段的分布式电源，而一台电压互感器检修采用二次并列运行时则需要跳低压侧全部分布式电源。

Part 7

本篇主要介绍新设备启动过程中保护的注意事项。由于新设备均未曾带工作电压，发生故障的概率较高，因此在启动过程中保护的运用需要做一些特别的考虑，以配合新设备启动时运行方式的编排。

新设备启动篇

一 保护设备命名

及时对保护设备进行调度命名，调度、运行、整定单等各环节一致。

新设备启动前，应提前进行保护设备命名。

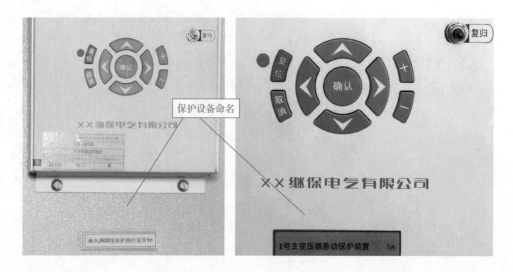

保护设备命名

二 启动方案审核

启动方案中，保护配合方案应合理。

（1）应参与新设备启动方案编制，明确保护试验范围和内容。

（2）应与各专业充分沟通，安排系统运行方式时应统筹兼顾保护专业要求。

（3）合理安排保护启动配合方案，确保运行系统与试验系统的保护配合。

三 新设备投产条件

新设备应具备投产条件才可运行，杜绝导致电网运行事故或保护不正确动作。

（1）二次设备应与一次设备同步投产。

（2）确保保护装置及其相关二次回路、通道调试合格。

（3）确保继电保护工程验收合格。

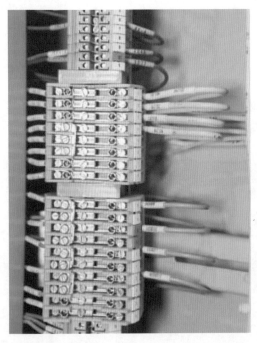

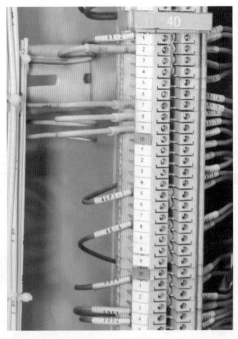

四　新线路冲击

新线路冲击应有快速动作的保护，故障时可快速切除，防止影响系统稳定性。

（1）新线路冲击应利用母联（母分）串接，并投入母联（母分）过流解列保护。

（2）新线路冲击应停用重合闸。

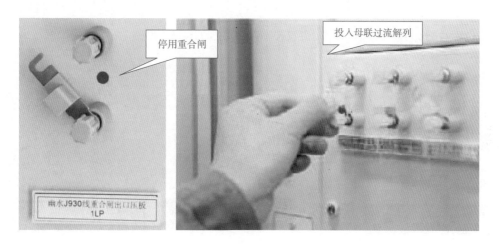

停用重合闸

投入母联过流解列

五　新变压器冲击

新变压器冲击时，应有快速动作保护，减轻变压器内部故障时变压器损坏程度。串接的母联过流解列保护应保证变压器低压侧故障有灵敏度。

（1）新变压器冲击时应投入主变压器差动保护、重瓦斯保护。保护为新装置时，还应修改总后备保护动作时间。

（2）有条件应利用母联（母分）串接，并投入母联（母分）过流解列保护。

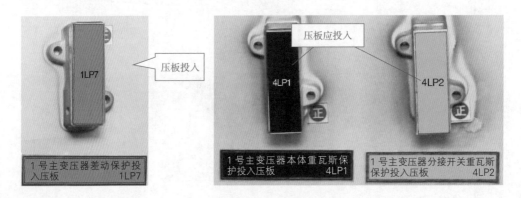

压板投入　1LP7

压板应投入　4LP1

4LP2

1号主变压器差动保护投入压板　　　　1LP7

1号主变压器本体重瓦斯保护投入压板　　　　4LP1

1号主变压器分接开关重瓦斯保护投入压板　　　4LP2

六 带负荷试验

保护带负荷试验方案应考虑周详，防止保护试验存在潜在隐患。

（1）投产前应进行通流试验，保护带负荷试验前应核实一次负荷电流大小，确保满足带负荷试验要求。

（2）保护带负荷试验方案应全面，不应遗漏试验设备项目及方式安排。

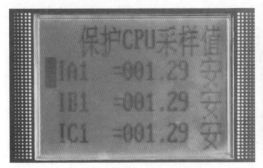

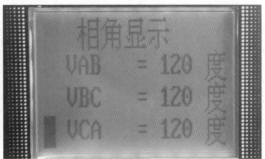

七 多间隔扩建

扩建间隔未带负荷试验前禁止将母差保护投跳，否则扩建间隔极性接反，会导致区外故障母差误动。

（1）启动冲击前应停用母差保护，并按稳定要求调整相关保护动作时间。

（2）必须等扩建间隔带负荷试验正确后才能将母差保护投跳。

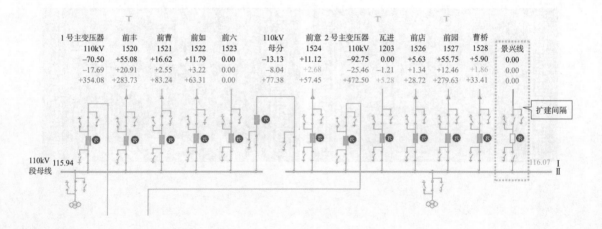